5
3
4
2
1

Januar

Spannung & Neugierde

→ Damit mein Garten nicht gleich mit bloßem Auge zu überblicken ist, habe ich ihn in vier Gartenräume unterteilt, zudem wirkt ein Garten durch die Aufteilung in mehrere Räume optisch viel größer, als er ist.

→ Das Ganze ähnelt vom Prinzip her einer Wohnung mit mehreren Zimmern, die vom Besucher voller Neugierde betreten werden können: Was versteckt sich wohl hinter der nächsten Tür? Und so ähnlich verhält es sich auch im Garten, denn gerade das Unerwartete hinter einer Hecke oder Kurve, was nicht sofort einsehbar ist, lässt den Besucher erstaunen.

→ Meine Gartenzimmer trenne ich dabei durch Rosenbögen oder Hecken. So ist ein kompletter Rundgang durch unseren Landhausgarten entstanden, bei dem das rote Klinkerhaus stets den Mittelpunkt bildet.

→ Auf der Luftbildaufnahme der Kartenvorderseite sind meine Gartenräume schön zu sehen: **1** Vorgarten, **2** Springbrunnen-Zimmer, **3** Pavillon-Zimmer, **4** Hauptgarten-Zimmer, **5** Geliehenes Zimmer.

Woche 2
Symmetrie

Januar

Ruhe & Harmonie

→ Auch Symmetrie kann den Garten optisch größer wirken lassen, als er ist. Ich bin ein großer Freund von Symmetrie: Sie schafft Ruhe und Harmonie!

→ Insbesondere Sitzecken und die Mittelpunkte von Beeten werte ich optisch gerne auf, indem ich Elemente platziere, die sich auf beiden Seiten wiederholen. Hierbei arbeite ich am liebsten mit immergrünen Formgehölzen oder Dekoobjekten wie Amphoren aus Gusseisen.

→ Blumenbeete könnt ihr ebenso komplett symmetrisch anlegen. Bei mir im Garten findet ihr dieses Gestaltungskonzept beispielsweise im „Weißen Beet" im Hauptgarten. Die Amphore aus Sandstein dient dabei als Mittelpunkt der Spiegelung. Die grün-weißen Pflanzenfarben unterstützen das ruhige und harmonische Gesamtbild.

TIPP Ihr könnte das Mittel der Symmetrie verstärken, indem ihr Pflanzen und Dekoelemente spiegelgleich miteinander kombiniert. Lasst eurer Kreativität und Fantasie freien Lauf!

Woche 3

Sichtachsen

Januar

Blicke im Garten lenken

→ In Parks und Schlossgärten sind Sichtachsen in der Gartengestaltung schon seit vielen Jahrhunderten beliebt und lenken die Blickpunkte der Gartenbesucher.

→ Für euren eigenen Garten übersetzt heißt das: Ihr steht an einem festen Punkt im Garten und euer Auge folgt einer gradlinig angelegten Linie, an deren Ende ein optisches Highlight wartet.

→ Optische Highlights für Blickpunkte können eine tolle Skulptur, ein Brunnen, Baum oder ein gemütlicher Sitzplatz sein. Die Möglichkeiten der Inszenierung sind hier unendlich und eurer Fantasie und Kreativität keine Grenzen gesetzt. Bei mir Garten konnte ich zwei Sichtachsen bei der Gartenanlage einfließen lassen, im Springbrunnen- und Pavillon-Zimmer.

→ Sichtachsen werden bei der Gartengestaltung auch gerne zur optischen Täuschung eingesetzt. Kleine Gärten oder Gartenräume können so gezielt größer wirken, als sie eigentlich sind.

Woche 4

Christrosen-Rückschnitt

Januar

Starke Pflanzen

→ Bevor Anfang Januar die Christrosen blühen, schneide ich die alten Blätter an der Basis komplett zurück. Grund ist die Schwarzfleckenkrankheit, die Christrosen befallen kann. Vorbeugend entferne ich daher jedes einzelne Blatt an der Basis, damit ich nicht versehentlich neue Blatt- und Blütentriebe erwische.

→ Die Schwarzfleckenkrankheit ist ein Pilz, der sich durch kreisrunde braune bis schwarze Flecken zeigt. Durch den Rückschnitt der alten Blätter kann er sich bei etwaigem Befall nicht weiter ausbreiten. Ihr solltet dabei unbedingt Handschuhe tragen, denn Christrosen sind in allen Pflanzenteilen giftig!

→ Nach dem Rückschnitt der alten Blätter treiben die im Winter blühenden Pflanzen sehr schnell wieder frische neue Blätter aus.

→ Schöner Nebeneffekt: Die großen eleganten schalenförmigen Blüten kommen viel besser zur Geltung, da sie oft von ihrem immergrünen Laub verdeckt werden.

Woche 5
Winterblüten

Januar

Christrose

Helleborus niger

→ Im kalten Winter zaubern sie ein Lachen ins Gesicht und erfreuen das Gärtnerherz. Mit ihren strahlend weißen schalenförmigen Blüten bringen sie ordentlich Farbe ins sonst graue Winterbeet.

→ Bis Mitte März leuchten die auf langen Stielen sitzenden Blüten im Beet und locken an frostfreien Tagen sogar erste Hummeln und Bienen an. An frostfreien Tagen wirken die Christrosen manchmal schlapp und erfroren. Bei steigenden Temperaturen richten sich die Stängel aber wieder auf, keine Sorge.

→ Christrosen sind mehrjährig, sehr winterhart und absolut pflegeleicht. Ich habe sie zusammen mit Schneeglöckchen und den winterharten Vorfrühlingsalpenveilchen *(Cyclamen coum)* kombiniert.

Blütezeit: Dezember bis März

Farbe:

Woche 6

Höhenstafflung

Februar

Struktur für Beete

→ Mein Rezept ist das Pflanzen von Massen einer Sorte in Drifts oder Bändern. Die Menge liegt bei etwa 7 bis 15 Stück pro Tuff, optimalerweise wiederholt sich jeder Tuff mindestens noch einmal an einer anderen Stelle. So strahlt das Beet Harmonie und Ruhe aus.

→ Am besten kombiniert man im Beet Stauden mit unterschiedlichen Blatt- und Blütenstrukturen. Für Leichtigkeit und schöne Beete im Herbst und Winter habe ich zusätzlich Gräser eingefügt.

→ Setzt die Stauden und Gräser gestaffelt nach Höhe ins Beet. Also vorne am Rand die niedrigen Stauden und nach hinten die höheren.

→ Für die Pflanzenwahl empfehle ich euch Stauden mit langer Blütezeit, toller Blattstruktur und solche, die nach der Hauptblüte noch mal blühen – man nennt das remontieren. Bei mir im Garten mussten daher Pflanzen, die nicht in mein Konzept passten, ihre Koffer packen und in den Garten von Nachbarn und Freunden umziehen.

Woche 7
Pflegeleichte Beete

Masse statt Hacken

→ Übrigens: Massen an Stauden und das dichte Bepflanzen in den Beeten machen den Garten auch recht pflegeleicht – selbst wenn das in meinem Garten auf den ersten Blick vielleicht nicht so aussieht.

→ Wie sicher viele von euch, kenne ich von meiner Oma noch das Hacken in den Beeten. Das entfällt bei mir im Garten tatsächlich komplett und fliegendes Beikraut hat es ebenfalls schwer, sich in der Fülle auszusamen. In der Tiefe des Bodens versteckt sich sicherlich das ein oder andere Unkraut, aber alles, was ich nicht weiß, macht mich bekanntlich nicht heiß.

→ Toller Nebeneffekt: Der Boden wird durch die Pflanzendichte besser beschattet und er trocknet im Sommer nicht so schnell aus.

TIPP Das Unkraut im Rasen entferne ich ganzjährig mit einer normalen Küchengabel. Auf meinem Sandboden hier geht das wunderbar, die Wurzeln der Unkräuter lassen sich leicht aus dem Boden ausgabeln.

Woche 8
Gute Laune
im Beet

Februar

Winterlinge

Eranthis hyemalis

→ Ab Mitte Februar beginnt die Zeit der Winterlinge. An milden Wintertagen summt und brummt es in den kleinen gelben Blüten, denn sie locken unzählige Bienen an.

→ Wer Winterlinge im Garten haben möchte, pflanzt sie am besten blühend an frostfreien Tagen. Blühende Winterlinge bekommt ihr in Töpfen in der Gärtnerei, oder vielleicht wachsen sie ja schon beim netten Nachbarn im Garten nebenan und ihr dürft welche ausgraben. Der Weg über Aussaat dauert deutlich länger und erst im dritten Jahr bilden sich dann die Blüten – und das auch nur, wenn ihr die Saat in Ruhe lasst und an den Stellen nicht jätet. Buddelt die Knollen also beim Nachbarn einfach mit der Schaufel aus und teilt größere Stücke vorsichtig in mehrere Teile.

→ Bei mir stehen sie sonnig bis halbschattig am Gehölzrand und möchten gerne in Ruhe gelassen werden.

Blütezeit: Februar bis März

Farbe:

Woche 9
Frühlingsbeet

Februar

Pflanzen & Beetplan

PFLANZEN: **1** Lebensbaum 'Smaragd' *(Thuja occidentalis)* als Hecke, **2** Ballhortensie 'Annabelle' *(Hydrangea arborescens)*, **3** Große Blaublatt-Funkie 'Big Daddy' *(Hosta sieboldiana)*, **4** Horstig wachsender Farn, z. B. Schellenbaum-Wurmfarn *(Dryopteris filix-mas)*, **5** Einfassung mit Purpurglöckchen 'Palace Purple' *(Heuchera micrantha)*, **6** Christrose *(Helleborus niger)*, **7** Riesen-Lauch 'Ambassador' (*Allium*-Hybride)

BEETPLAN: Für Halbschatten bis Schatten

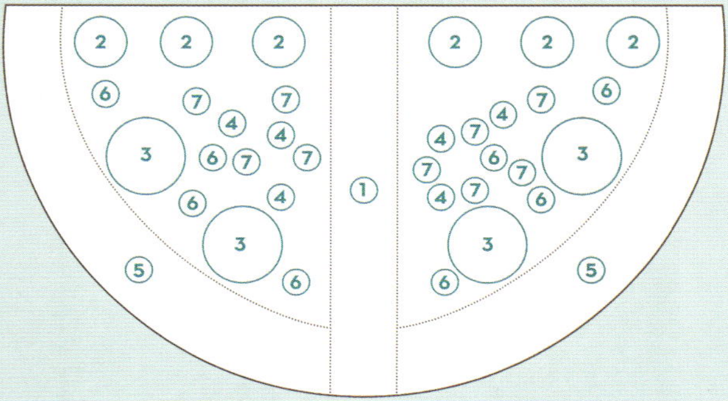

Woche 10
Kuhscheiße-Dünger

März

Frische Landluft

→ Wie an Karneval, schmeiße ich Ende Februar bis Mitte März hier großzügig mit Kuhscheiße um mich. Warum, fragt ihr? Wenn die Beete jetzt zurückgeschnitten und gemulcht sind, verteile ich seit Jahren organischen Dünger in Form von Rinderdung-Pellets aus biologischem Anbau in den Beeten. Nur Thuja, Sedum und Blauraute spare ich aus.

→ Mit dem Regen oder Schnee lösen sich die Pellets in vier bis sechs Wochen auf und die Nährstoffe stehen den Pflanzen dann pünktlich zum Wachstumsbeginn zur Verfügung. Wer in trockenen Jahren zu spät dran ist, bei dem liegen die Pellets dann wie Hasenköttel oben auf den Beeten.

→ Neben Rinderdung-Pellets gibt es auch welche aus Pferdemist und Hühnerkacke. Ich habe sie alle ausprobiert, mit dem gleichen Ergebnis was das Wachstum der Pflanzen angeht. Wer sich aber beim Nachbarn so richtig unbeliebt machen will, verwendet für den Kacke-Weitwurf am besten die Hühnerpellets – die frische Landluft hält jedoch nur zwei bis drei Tage an.

Woche 11

Rasenkanten-Steine

März

Selbst ist die Frau

→ Im Verlegen von Kantensteinen bin ich mittlerweile Profi! Die Rasenkanten im Garten haben wir vor 15 Jahren komplett mit den restlichen Pflastersteinen vom Hof eingefasst. Dazu habe ich einfach die Steine mit dem Gummihammer in das Sandbett eingesetzt.

→ Einen gleichmäßigen Verlauf der Beet- bzw. Rasenkante bekommt ihr dabei am besten, wenn ihr einen Wasserschlauch so in Form legt, wie ihr den Rand haben wollt. Dann einfach die Rasensoden mit dem Spaten abstechen (den Rasen vorher so kurz wie möglich mähen) und los geht's.

→ Vom Einbetonieren der Steine rate ich dringend ab, denn vielleicht möchtet ihr später wie ich heimlich die Beetverläufe ändern – und dann hilft nur ein starker Mann oder der Presslufthammer.

TIPP Im Winter könnt ihr an frostigen Tagen einfach am Rand der Rasenkanten-Steine entlanglaufen, um beispielsweise die Vögel zu füttern. So beschädigt ihr die gefrorenen Halme nicht und bekommt im Frühjahr keine braunen Stellen im Rasen.

Woche 12

Gabeln mit Katrin

März

Tschüss Unkraut!

→ Ran an die Kuchengabeln! Wenn sich Ende März die ersten Blumenzwiebeln und Stauden im Garten auf den Weg machen und die Beete noch recht übersichtlich sind, bringe ich meine Kuchengabeln wieder ins Spiel. Seit Jahren gabele ich die Unkräuter in meinem Sandboden aus – sie sind aber dank des Mulchens und der Masse an Stauden mittlerweile deutlich weniger geworden.

→ Zum Gabeln à la Katrin packt ihr mit den Zinken der Gabeln die ungebetenen Gäste einfach direkt an den Wurzeln und gabelt das Beikraut komplett aus. Mit dieser Methode komme ich auch gut zwischen die Staudenhorste, wo unerwünschte Wildkräuter eventuell mit eingewachsen sind.

→ Anstelle der Kuchengabel empfehle ich euch bei langen Wurzeln, wie beim Löwenzahn oder festem Boden, wärmstens die Fleischgabel aus der Küche.

→ Unsere Kuchengabeln geben stets ihr Bestes hier im Garten und gegessen wird im Hause Iskam nur noch mit den Fingern.

Woche 13
Tulpenparadies

Meine Lieblingssorten

→ Auf meinem Sandboden hier fühlen sich Tulpen besonders wohl, denn bei Staunässe und dauerfeuchter Erde können die Blumenzwiebeln leicht anfangen zu faulen. Wer solche Böden zuhause hat, gibt am besten eine Dränage oder Kies mit ins Pflanzloch.

→ Ich habe mich für Tulpensorten entschieden, die sehr langlebig sind, also mehrere Jahre blühen. Hier verrate ich euch meine Lieblingssorten.

→ Darwin-Tulpen zählen zu den robustesten Tulpen mit kräftigen Stielen, intensiven Blütenfarben und den größten Blüten unter den Tulpen: 'Golden Apeldoorn' (gelb), 'Van Eijk' (rosarot), 'Pink Impression' (lachsrosa), 'Salmon Impression' (lachsfarben).

→ Lilienblütige Tulpen erinnern mit ihren eleganten Blüten an Lilien: 'White Triumphator' (weiß), 'Ballade' (magentafarben mit weißem Rand).

→ Viridiflora-Tulpen kennzeichnet ein grün geflammter Streifen in der Blüte: 'Spring Green' (grünweiß), 'Tulpe Groenland' (rosaweiß).

Woche 14

Löwentunnel

Rankgitter für Pflanzen

→ Viele meiner Hortensien 'Annabelle' sowie Phlox 'Düsterlohe' und Pfingstrosen sind bei starkem Regen nicht standfest und liegen dann am Boden. Anfang April stülpe ich daher Rankgitter, Baustahl- oder Estrichmatten über die Pflanzen. Dieser Gitterknast à la Katrin hat sich mittlerweile seit mehr als 10 Jahren bei mir im Garten bewährt.

→ Dafür drücke ich Baustahlmatten und Rankgitter einfach mit den Enden in die Erde. Die Estrichmatten verankere ich mit Zelthaken oder einem langen, gebogenen Nagel im Boden.

→ Dabei ist die Tunnelhöhe des Gitters entscheidend. Phlox 'Düsterlohe' wächst bei mir durch flachgebogene Rankgitter mit einer Höhe von ca. 30 cm, die Hortensien brauchen allerdings 120 cm Tunnelhöhe, damit sie bei starkem Regen nicht über dem Gitter abbrechen.

TIPP Die günstigen Estrichmatten nur für schattenverträgliche Pflanzen wie die Hortensien verwenden, denn sie werden in der Sonne heiß!

Woche 15

Kostenlose Pflanzen

April

Stauden einfach teilen

→ Das Teilen von Pflanzen ist eine super Möglichkeit zur kostenlosen Vermehrung, dann bleibt so mancher Euro mehr in der Haushaltskasse.

→ Einige Pflanzen wie Taglilien, Raublatt-Astern, Sedum und Lampenputzergras 'Hameln' werden mit der Zeit blühfaul oder verkahlen von innen, daher teile ich auch sie alle paar Jahre.

→ Ich teile die Stauden und Gräser entweder direkt im Beet oder grabe sie vorher aus.

→ Bei großen Staudenhosten verwende ich einen scharfen Spaten und steche die Pflanze ganz beherzt und ohne viel Geschiss in der Mitte durch. Bei kleineren Stauden teile ich mit einem scharfen Küchenmesser.

→ Storchschnabel und Wollziest steche ich nicht mit dem Spaten ab, man reißt sie einfach mit den Händen auseinander.

→ Gräser teilt ihr am besten im Frühjahr nach dem Rückschnitt, weil bei kaltem und feuchtem Wetter die Gefahr besteht, dass sie nicht anwachsen und faulen.

Woche 16
Zauberhafter
Dauerblüher

April

Taglilie 'Stella de Oro'

Hemerocallis x cultorum

→ Dieser Goldstern ist ein zauberhafter Dauerblüher und pflegeleicht dazu, was will man mehr!

→ Die Blütezeit dieser leuchtend tiefgelben Taglilie ist wirklich sehr lange. Sie beginnt bereits im April und dauert bis in den Oktober.

→ Die trichterförmigen Blüten stehen auf langen Stielen über dem Laub, duften und sind eine Insektenweide. Ich empfehle euch, die verblühten Blütenstiele regelmäßig abzuschneiden.

→ Diese Tagliliensorte gehört eher zu den kleineren Vertretern und wird nur etwa 40 cm hoch und breit. Es gibt weit größere Sorten mit fast einem Meter Höhe.

→ 'Stella de Oro' liebt Sonne und wächst gerne auf durchlässigen nährstoffreichen Böden. Sie ist winterhart und wird von Schnecken gemieden.

Blütezeit: April bis Oktober

Farbe:

Woche 17

Grünen Teppich lüften

À la Katrinchen

→ Habt ihr filzigen Rasen im Garten? Dann fehlt ihm die Luft zum Atmen! Der Boden unterm Rasen ist durch regelmäßige Beanspruchung oft verdichtet und die Aufnahme von Wasser und wichtigen Nährstoffen schwierig.

→ Ich lüfte den Rasen regelmäßig ganz simpel ohne die Hilfe elektrischer Geräte. Entweder mit einer Grabegabel oder mit ein paar hochhackigen Stilettos. In regelmäßigen Abständen steche ich die Zinken oder Absätze in den Rasen und er bekommt wieder Luft. Da ich in den Stilettos nicht ganz so trittfest bin, nehme ich mir ein Paar Walking-Stöcke zur Hilfe oder leihe mir auch schon mal den Rollator von der Oma.

→ Das jährliche Vertikutieren des Rasens entfällt bei uns, denn ich entferne das Unkraut aus dem Rasen natürlich mit meinen Kuchengabeln.

TIPP Wer schweren Boden hat, sollte seinen Rasen nach dem Lüften auch sanden, um die Bodensituation zu verbessern.

Woche 18

Bienenmagnet

April

Katzenminze

***Nepeta x faassenii* 'Six Hills Giant'**

→ Die Katzenminze betört mit ihrem starken Blatt- und Blütenduft und ist bei Insekten beliebt. Was ihre lange Blütezeit natürlich sehr unterstützt.

→ Die violett-blauen Blütchen sitzen traubenförmig an langen Stielen mit zierlichen Blättchen. Wenn ihr nach der Blüte die Stängel abschneidet, bewirkt ihr damit eine weitere Blüte im Spätsommer.

→ Katzenminzen brauchen wenig Wasser und harmonieren daher gut mit anderen trockenheitsverträglichen Pflanzen wie Rosen, Salbei, Lavendel, Sedum oder Sonnenhut.

→ Die attraktive Staude fühlt sich an sonnigen Plätzen wohl und kann dort bis 80 cm hoch werden, sie wächst breit-buschig bis 40 cm.

→ Schnecken sind bei ihr zum Glück kein Problem. Weiterer Pluspunkt ist ihre Winterhärte.

Blütezeit: Mai bis September

Farben:

Woche 19

Staudenbänder

Mai

Klotzen statt kleckern

→ Zum Einfassen von Beeten habe ich mich im kompletten Garten für eine Einfassung mit Bändern aus Stauden entschieden.

→ Im Idealfall wiederholt sich eine Beeteinfassung an anderer Stelle im Garten. So findet man die Einfassung aus immergrünem, grauem Wollziest 'Silver Carpet' in mehreren Gartenbereichen. Auch der von Mai bis Oktober blühende wintergrüne Storchschnabel 'Orkey Cherry' ist an mehreren Stellen als Beeteinfassung zu finden. Er umrahmt sowohl den Amphoren-Brunnen, als auch den Terrassenbereich.

TIPP Um die Masse an Stauden für Beeteinfassungen zu bekommen, müsst ihr nicht gleich die Haushaltskasse plündern. Ich hab stets ein kleines Kontingent in die Beete eingebracht und die Pfllanzen im Folgejahr bereits geteilt. Dabei steche ich unbeherzt und ohne Geschiss alle Stauden mit dem Spaten durch. Aus eins mach zwei und ihr habt doppelt so viele Pflanzen.

Woche 20

Bodendecker in Pink

Mai

Storchschnabel

Geranium x oxonianum 'Orkney Cherry'

→ Die Pflanzen stammen ursprünglich von den Orkney-Inseln in Schottland, in meinem Garten haben sie sich in der Sonne und im Halbschatten bewährt.

→ Mit ihren kleinen Blüten in Rosa und Pink sind sie von Mai bis Oktober ein absoluter Bienen-, Hummel- und Schmetterlingsmagnet.

→ Pflanzt ihn am besten immer in großen Gruppen: Klotzen statt kleckern heißt auch hier mein Motto! So bekommt das Beet eine tolle Fernwirkung.

→ Ich mag auch das bronzefarbene Laub im Herbst. Mit seinem kompakten Wuchs von nur 50 cm Höhe und etwa 40 cm Breite bildet er schöne Blütenteppiche und ist ein absolut robuster, pflegeleichter und sehr winterharter Dauerblüher. Damit er genug Kraft hat, versorge ich ihn im Sommer hin und wieder mit etwas Flüssigdünger.

Blütezeit: Mai bis Oktober

Farbe:

Woche 21
Zwiebelblumen
köpfen

Mai

Schnipp, schnapp und ab

→ Sind die Tulpen und Narzissen verblüht, hüpfe ich mit der Gartenschere bewaffnet durch die Beete. Um die Samenbildung zu unterdrücken – die raubt den Pflanzen viel Kraft und geht auf Kosten der Blüten im folgenden Jahr – mache ich kurzen Prozess und schneide alles Verblühte ab.

→ Das Laub darf aber erst ab, wenn die Blätter vollständig braun sind, denn die unterirdischen Zwiebeln holen ihre Energie aus den Blättern für die Blüten im nächsten Jahr. Das gilt für alle Sorten! Da meine Zwiebelblumen zwischen den Stauden sitzen, fallen die braunen Blätter kaum auf und es stört mich nicht. Ich lasse die Blätter dort einfach eintrocknen.

→ Wer noch mehr Potenzial im Beet für Zwiebelblumen sieht, kann die Stellen jetzt markieren. Ich verwende große Schaschlikspieße dafür. Wer Sorge hat, die Markierungen in den Beeten wiederzufinden, nimmt einfach Kuchengabeln. Mithilfe eines Metalldetektors ist die Suche nach dem richtigen Platz für die Blumenzwiebeln dann wirklich ein Kinderspiel.

Woche 22
Lila Zeiten

Meine Zierlauch-Sorten

Allium

→ Mit der Zierlauchblüte ab Mitte Mai beginnt für mich eine der schönsten Zeiten im Gartenjahr. Etwa 1.200 große lila Bommel haben dann ihren großen Auftritt.

→ In unterschiedlichen Größen und Höhen übernehmen sie bis Ende Juni das Zepter im Beet.

→ Ihr Laub wird zum Teil recht groß und schnell unansehnlich, daher setze ich die Zwiebeln nach Möglichkeit in den Hintergrund der Beete, so dass die austreibenden Stauden das gelbliche Laub kaschieren.

→ Im Frühling dünge ich mit Rinderdung-Pellets. Gleich nach der Blüte schneide ich alle Pflanzen runter.

→ Eine lange Blütezeit erreicht ihr, indem ihr Sorten miteinander kombiniert. Bei mir macht den Anfang der Kugel-Lauch 'Purple Sensation', Riesen-Lauch 'Giganteum' und 'Gladiator', später gesellen sich Allium 'Globemaster', 'Ambassador' und 'Nigrum' dazu.

Blütezeit: Mai bis Juni

Farbe:

Woche 23

Mein Pavillon

Juni

Sitzplatz & Strukturgeber

→ In meinem „gelben Gartenzimmer“ ist ein überdachter Sitzplatz eines der absoluten Highlights. Täglich schaue ich dankbar aus dem Küchenfenster in Richtung Pavillon von der Firma ELEO Pavillon und erfreue mich immer an seinem Anblick. Er ist ein toller Strukturgeber sowohl im Sommer als auch Winter.

→ Um gemütlich beisammenzusitzen, bietet der Pavillon mit einem Durchmesser von rund drei Metern vier Personen reichlich Platz. Selbst im Hochsommer und bei leichtem Regen können wir hier dank des funktionalen Sonnensegels, das wir bis zum Winter drauf lassen, entspannte Stunden verbringen.

→ Er bildet optisch und vom Material her eine tolle Einheit zur Pergola auf der Terrasse. Das Material ist pulverbeschichtet und aus massivem Eisen.

→ Mit einem stolzen Gewicht von über 160 kg haben wir ihn lediglich mit Ankerhaken in der Erde befestigt. Trotz heftiger Stürme steht er immer noch wie eine Eins und wird aufgrund seiner hochwertigen Qualität sicher in die Erbmasse eingehen.

Woche 24

Accessoires

Juni

Schöne Blickpunkte

→ Ich finde, das Leben ist zu kurz für unperfekte Beete. Daher habe ich in meinem Garten nur wenige, dafür aber hochwertige Accessoires als Eyecatcher platziert.

→ Mein absoluter Favorit ist Sandstein, denn er ist frostbeständig und bekommt im Laufe der Jahre eine tolle Patina. Ein zeitloser Klassiker, der irgendwann mit in die hiesige Erbmasse einfließt – und den teuren Preis vor dem Ehepartner rechtfertigen lässt.

→ Die Sandsteinelemente habe ich alle auf großen Gartenfestivals hier im Norden gekauft, obwohl eigentlich Blumen im Kofferraum landen sollten. Daher war die Haushaltskasse meistens leer und mal wieder Nudeln im Kochtopf.

→ Einige große Amphoren aus Gusseisen zieren ebenfalls meine Beete. Ich lass sie mir aber nur noch von meinen Freundinnen zum Geburtstag schenken, weil der Garten kein Umschlagplatz für Massen an Altmetall werden soll – meint Waldemar.

Woche 25

Zierlauch-Nachwuchs

Mit Tochterzwiebeln

→ Nach einigen Jahren werden die Blütenkugeln vom Zierlauch kleiner. Daran erkennt man, dass sich an der Hauptzwiebel kleine Tochterzwiebeln gebildet haben. Diese grabe ich nach der Blüte nun aus, um den Nachwuchs zu ernten.

→ Mit dem Spaten trenne ich die Tochterzwiebeln von der Mutterzwiebel vorsichtig ab und setze die „Blumenzwiebel-Ernte“ mit ihrem Laub an anderer Stelle im Garten sofort ein. Wer noch keinen freien Platz hat, kann aber auch bis zum Herbst warten und die Zwiebeln solange trocken und dunkel lagern. Der Nachwuchs blüht bereits im kommenden Jahr.

→ Zierlauch aus Saatgut heranzuziehen kann ich nicht empfehlen, ich habe damit schlechte Erfahrungen gemacht. Die Samenbildung kostet die Pflanze viel Kraft und es werden keine Tochterzwiebeln gebildet. Außerdem müsst ihr bei Sämlingen etwa drei Jahre auf die ersten Blüten warten.

Woche 26

Rasen-Knigge

Mein Umgang mit Rasen

→ Rasenmähen ist für mich eine Art Yoga im Garten. In der Saison wird der Rasen zweimal wöchentlich auf 4,5 cm gemäht. Bei jedem Mähvorgang ändere ich die Schnittrichtung, so entsteht eine dichte Grasnarbe.

→ Bei starker Hitze mähe ich den Rasen nicht, sondern lasse ihn hochstehen, um dem Verbrennen der Grasnarbe vorzubeugen. Haben sich die Temperaturen wieder normalisiert, wird er in zwei Etappen auf Normalhöhe geschnitten.

→ Seit 15 Jahren schneide ich mit einer zweckentfremdeten Heckenschere meine Rasenkanten. Das ist schön für die Optik und ich verhindere, dass blühende Saat der Rasenkante in die Beete gelangt. Die Schere schärfe ich alle acht Wochen mit einem Schleifstein.

→ In Trockenperioden wird unser Rasen zweimal wöchentlich mit einem Kreisregner mit Wasser aus der Zisterne ausgiebig gewässert.

→ Im April und Juli wird der grüne Teppich mit nitratfreiem Langzeitdünger versorgt.

Woche 27

Inseln im Rasen

Mit Gabeln & Schlauch

→ Ihr habt noch Platz im Garten übrig und möchtet eure Rasenfläche etwas auflockern? Dann zeige ich euch, wie ihr das Rondell anlegt, damit nicht versehentlich ein Osterei in eurem Rasen entsteht:

→ Markiert euch zunächst den Mittelpunkt eures Beets mit einem Stock. Bindet anschließend eine Schnur mit eurem Wunschradius so um den Stock, dass diese locker um 360 Grad zu führen ist.

→ Führt die Schnur nun gleichmäßig gespannt um die Mitte und markiert das Ende. Ich verwende dafür natürlich auch meine Gabeln, Frau hat schließlich immer welche im Haus und sie halten super im Boden.

→ Wie bei den Rasenkanten kommt auch hier der Wasserschlauch zum Einsatz. Legt ihn als Markierung im Kreis um die Gabeln und steckt anschließend am Außenrand des Schlauches gleichmäßig die Rasensoden ab. Und schon habt ihr ohne viel Geschiss ein Inselbeet vorbereitet, das ihr mit Pflanzen eurer Wahl gestalten könnt.

Woche 28
Inselbeet

Juli

Pflanzen & Beetplan

PFLANZEN: 1 Einfassung aus Jungpflanzen von Thuja 'Brabant' *(Thuja occidentalis)*, **2** Öfterblühende Beetrose 'Schöne Dortmunderin' *(Rosa)*, **3** Masse vom Steppen-Salbei 'Mainacht' *(Salvia nemorosa)*. Im Frühling findet man hier Tulpen im Rondell.

BEETPLAN: Für die Sonne

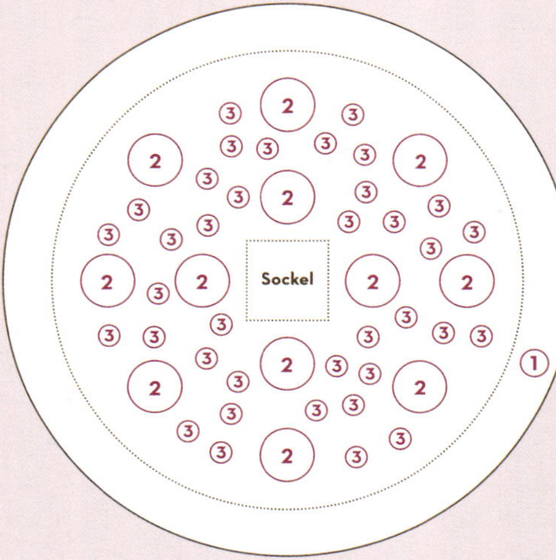

Woche 29

Lieblings-Clematis

Juli

Clematis 'Paul Farges'

Clematis fargesioides

→ 'Paul Farges' ist mit ihren unzähligen sternchenförmigen und cremeweißen Blüten eine Augenweide in jedem Garten. Sie fasziniert mit außergewöhnlichem Blütenreichtum, die an lauter kleine Schneeflocken erinnern.

→ Innerhalb einer Saison erobert sie Sichtschutzwände, Gartenhäuser oder Laubengänge. Ich habe sie einfach durch Büsche ziehen lassen, die dann im Sommer plötzlich alle eine zweite Blüte bekommen.

→ Paul duftet nicht nur leicht und bedeckt schnell große Flächen, sie ist zudem extrem gesund und frostfest.

→ Im zeitigen Frühjahr kommt eigentlich die Schere zum Einsatz, aber ich lasse die Pflanze einfach wuchern. Nur an Stellen, wo sie mir über den Kopf wächst, hole ich alle paar Jahre die Schere raus.

Blütezeit: Juni bis September

Farbe:

Woche 30

Meine Live-Tour

Juli

Gärtnern ohne viel Geschiss

→ Mein Garten ist nicht nur mein Fitnessstudio und Rückzugsort, er ist auch die Keimzelle unglaublicher Geschichten: Da endet eine nächtliche Schnecken-Rettung schon mal um ein Haar auf der Polizeiwache. Und wenn der Naturdünger ungewollt am Weihnachtsbaum landet, freut sich maximal „Chefgärtner" Tyson. Zusammen sind wir beide ein unschlagbares Team, wenn es ums Planen, Pflegen und Hegen geht. Dann ist da noch Waldemar, mein Götter-Gatte, der die Fette Henne eher im Hühnerstall verortet.

→ In meinem deutschlandweiten Live-Programm „Gärtnern ohne viel Geschiss" serviere ich euch jede Menge praktische Tipps und mindestens genauso viele lustige Anekdoten. „Happy Garden" mal ganz anders. Und falls sich doch mal jemand zu mir nach Himbergen verirren sollte, hab ich auch für diesen Fall einen lebensnahen und präventiven Ratschlag parat: Einbruch ist bei mir zwecklos, das Geld liegt im Garten.

Woche 31

Weiße Blütenbälle

Juli

Schneeball-Hortensie

***Hydrangea arborescens* 'Annabelle'**

→ Im Juli haben die Schneeballhortensien 'Annabelle' mit ihren riesigen weißen Blütendolden ihren großen Auftritt, mittlerweile habe ich 38 Pflanzen.

→ Im Gegensatz zu den empfindlichen Bauernhortensien sind meine 'Annabelle' absolut frostfest und überstehen hier die kältesten Winter ohne Probleme. Allerdings ist die Pflanze mit ihren schweren Blütenbällen bei starkem Regenfall nicht standfest – aber ihr kennt ja meinen genialen Pflanzenknast von Karte 14.

→ Damit ich nicht ständig gießen muss, wachsen die Hortensien bei mir im Halbschatten und Schatten.

→ Nachdem Rückschnitt im Frühjahr auf 30 cm über dem Boden wachsen die Pflanzen bis Juli wieder auf stattliche 1,50 m heran und bilden ihre großen Blüten.

→ Die Vermehrung geht ganz einfach durch Teilung vom Wurzelstock.

Blütezeit: Juli bis September

Farbe:

Woche 32

Wasser für Tiere

August

Brunnen & Becken

→ Besonders an heißen Tagen sind Vögel und Insekten auf Wasser angewiesen. Wir haben zwei Wasserspiele im Garten und ein eingelassenes Wasserbecken auf der Terrasse.

→ Unser Vogelbad im Springbrunnen-Zimmer hat einen Durchmesser von 35 cm, an seinem flachen rauen Rand können Gartenvögel bequem starten und landen. Hier wird an heißen Tagen auch gebadet.

→ In der Vogeltränke aus Sandstein liegt zusätzlich zum flachen Rand in der Mitte ein Stein, damit Insekten im etwa 3 cm hohen Wasser gut rein- und rauskommen können.

→ In beiden Tränken erneuere ich täglich das Wasser, das bei starker Verschmutzung gesundheitsschädlich für die Tiere sein kann!

→ Im Wasserbecken auf der Terrasse, das während der Abwesenheit vom Chefgärtner auch von Vögeln, Katzen, Eichhörnchen, Igeln etc. genutzt wird, steht als Ausstiegshilfe nachts ein schräges Brett.

Woche 33
Clever gießen

August

Seltener und viel

→ Wer täglich oberflächlich gießt, erzieht die Pflanzen zu flacher Wurzelbildung direkt unter der Erdoberfläche. Dieser Bereich trocknet aber bei Hitze als Erstes aus und die Pflanzen machen schnell schlapp.

→ Ich gieße daher nur zweimal die Woche, aber sehr ausgiebig meine Beete.

→ Wer Zeit hat, sollte am besten früh morgens und bodennah bewässern. Regenwasser ist weicher und wärmer als Leitungswasser, daher greife ich auch schon mal abends zum Gartenschlauch. An ganz faulen Tagen hängt der Wasserschlauch auch mal am Rasensprenger und ich lasse es morgens über die Beete regnen, als käme das Wasser direkt vom Himmel.

→ Seit Jahren sammeln wir das Regenwasser zum Gießen nachhaltig in Tanks über und unter der Erde. Die Entleerung erfolgt mittels Pumpe.

TIPP Mulchen, wie ich es seit Jahren in meinen Beeten anwende, hilft, die Feuchtigkeit besser im Boden zu speichern.

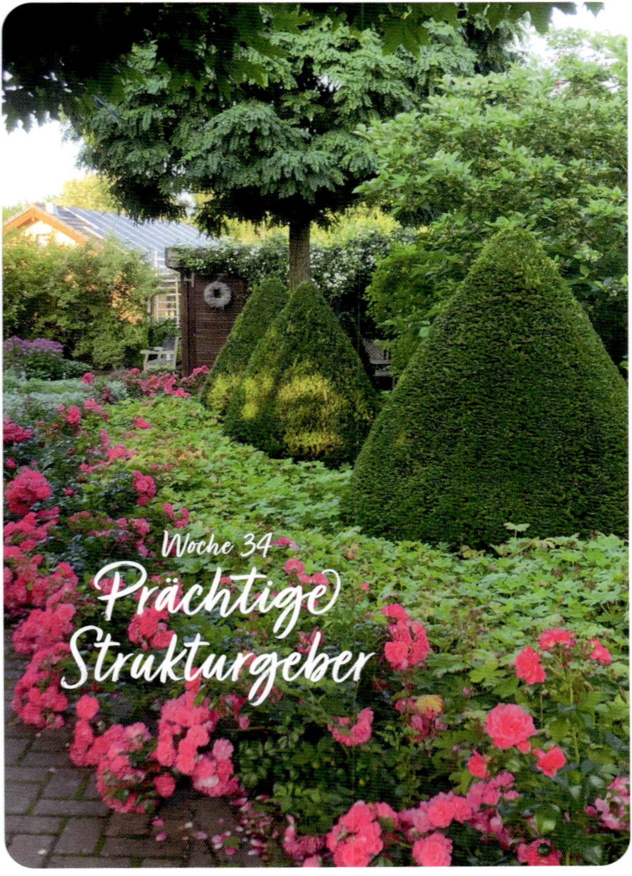

Woche 34

Prächtige Strukturgeber

August

Kugel & Kegel

→ Formschnittgehölze spielen in meinem Garten eine große Rolle: Sie sind Ruhepole zwischen den Beeten, bieten Kontrast zu den vielen farbigen Stauden und den Gräsern, im Winter sehen die Immergrünen mit Schnee überzuckert einfach zauberhaft aus.

→ Ihr findet sie bei mir in fast allen Gartenbereichen, dort betonen sie Sitzecken, flankieren den Hauseingang und sind in Sachen Symmetrie ein wichtiges Gestaltungselement für mich.

→ Hauptsächlich habe ich Eibenkugeln im Garten, denn sie sind pflegeleicht und brauchen nur zweimal im Jahr einen Formschnitt – schaut auf die nächste Karte, da zeige ich ihn euch.

→ Ich liebe die Kombination aus Kugeln und Prachtkerzen, die den Stauden gleichzeitig als Stütze dienen.

→ Im Vorgarten säumen sieben große Eibenkegel den Weg zum Haus und sind ganzjährig attraktiv – man muss ja schließlich dem Postmann, der hier öfter dreimal klingelt, was fürs Auge bieten, oder?

Woche 35

Pflanzen-Friseur

August

Mit Augenmaß

→ An kühlen und bedeckten Tagen spiele ich nun im Garten Friseur. Mit einer manuellen Heckenschere bewaffnet, schneide ich in Handarbeit ohne Schablone die immergrünen Gehölze wieder in Form.

→ Natürlich braucht man am Anfang etwas Übung, mit der Zeit sind aber aus meinen anfänglich geschnittenen Ostereiern recht ansehnliche Kugeln geworden.

→ Ich schneide meine Kugeln in der Regel von oben nach unten, mache immer mal wieder eine Pause und trete dabei zurück, ob noch alles rund ist.

→ Bei meinen Thujahecken achte ich beim Schnitt auf einen trapezförmigen Verlauf, so kommt mehr Licht an die unteren Zweige und die Basis verkahlt nicht.

→ Wenn unterwartet die Sonne scheint, decke ich die frischen Schnittstellen mit einem alten Bettlaken ab, damit die Pflanzen keinen Sonnenbrand bekommen.

TIPP Vor dem Schnitt einfach ausrangierte Bettlaken um die Immergrünen drapieren, so fällt das Schnittgut direkt ins Laken.

Woche 36

Pflanzen-Vagabunden

September

Mondviole & Co.

→ Zweijährig wachsende Pflanzen wie Fingerhut und Mondviole 'Chedglow'samen sich im zweiten Jahr gerne selbst aus.

→ Eigentlich lasse ich die Sämlinge dieser Zweijährigen in den Beeten an den Stellen wachsen, wo sie sich selbst ausgesät haben. Denn so bekomme ich immer wieder spannende und bunte Auflockerungen im Blumenbeet.

→ Manchmal greife ich aber etwas ein, wenn ich besondere Staudenkombinationen haben möchte. Dazu grabe ich im Spätsommer die Jungpflanzen einfach aus. Für kleinere Exemplare (wie bei der Mondviole) nutze ich dazu natürlich meine geliebten Gabeln aus der Küchenschublade, ansonsten eine Schaufel. Im Herbst haben die Pflänzchen dann noch gut Zeit, um Fuß zu fassen und den Winter problemlos zu überstehen.

→ Man nennt diese Pflanzen übrigens auch „Pflanzenvagabunden", weil sie durch die Beete „wandern".

Woche 37
Tanzende Blüten

September

Argentinisches Eisenkraut

Verbena bonariensis

→ Ein wenig Lila im Garten geht immer! Und die kleinen lila Blüten vom Eisenkraut schweben ab Mitte Juli bis in den November auf langen filigranen Stängeln über den Beeten. In voller Sonne erreichen diese Höhen von bis zu zwei Metern!

→ Es ist bei Bienen, Hummeln & Schmetterlingen beliebt.

→ Das Eisenkraut ist zwar eine mehrjährige Staude, aber auch sie wandert durch Selbstaussaat gerne in andere Beete – wenn man sie lässt –, ich schneide die Samenstände im Herbst mittlerweile ab.

→ Die Staude ist absolut pflegeleicht und kommt super mit Hitze und Trockenheit zurecht, allerdings weniger gut mit Frost und nassen Böden. Aufgrund der milderen Winter überleben aber mittlerweile viele Mutterpflanzen in meinem Sandboden. Und wird es doch zu kalt, sorgen sie durch reichlich Selbstaussaat für ausreichend Pflanzennachwuchs.

Blütezeit: Juli bis November

Farbe:

Woche 38
Großer Border

September

Pflanzen & Beetplan

PFLANZEN: 1 Storchschnabel 'Rozanne' (*Geranium-*Hybride), **2** Beetrose 'Bonica 82' *(Rosa)*, **3** Hohe Fetthenne 'Herbstfreude' (*Sedum Telephium*-Hybride), **4** Blauraute 'Little Spire' *(Perovskia atriplicifolia)*, **5** Schönaster 'Charlotte' *(Kalimeris incisa)*, **6** Sommer-Phlox 'Düsterlohe' *(Phlox paniculata)*, **7** Lampenputzergras 'Hameln' *(Pennisetum alopecuroides)*

BEETPLAN: Für die Sonne

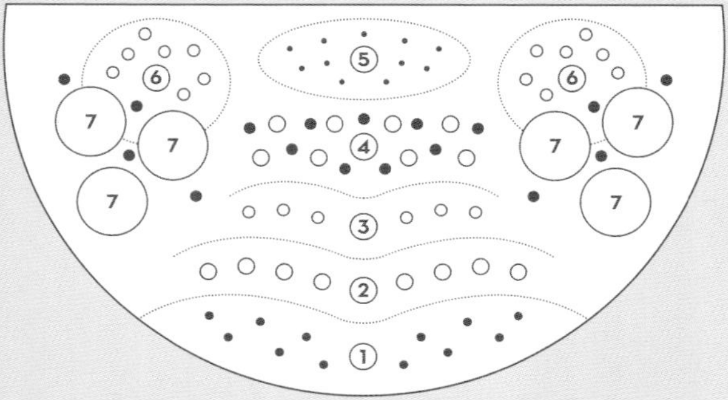

Woche 39

Blüten-Highlight

September

Purpursonnenhut

Echinacea purpurea

→ Eine meiner Lieblingsstauden im Garten!

→ Besonders die beiden Sorten 'Magnus' (blüht purpurrot) und 'Alba' (blüht weiß) haben sich als äußerst langlebig und beständig erwiesen. Sie sind winterhart und kommen jedes Jahr im Garten wieder.

→ Ich pflanze die anspruchslose und unkomplizierte Staude in kleinen Gruppen im Hintergrund ins Beet, so bekomme ich die bestmögliche Wirkung. Da sie eine lange Blütezeit von Juli bis September haben, sind sie ein absoluter Eyecatcher hier im Garten.

→ Die auffälligen Blütenblätter sind auch bei Bienen, Schmetterlingen und anderen Insekten beliebt. Ihre Samenstände sind im Herbstgarten sehr attraktiv.

→ Die Präriestaude stammt aus Nordamerika und kommt daher gut in voller Sonne und mit Trockenheit zurecht.

Blütezeit: Juli bis September

Farben:

Woche 40

Ohne Herbstrasur

September

Stauden & Gehölze

→ Ich schneide meine Staudenbeete im Herbst nicht zurück!

→ Zwar sind die meisten Stauden bis Ende Oktober verblüht, aber auch im Spätherbst und Winter sehen viele noch zauberhaft aus. Insbesondere, wenn Raureif die Blatt- und Blütenstängel umspielt.

→ Die vertrockneten Pflanzenteile sind zudem ein natürlicher Winterschutz für Igel und Kleinlebewesen, sie bieten ihnen in der kalten Jahreszeit Unterschlupf.

→ Bei uns heimische Vögel nutzen die Samenstände der Stauden als natürliche Nahrungsquelle.

→ Wer Bäume und Sträucher in Form bringen möchte, kann dies an frostfreien und bedeckten Tagen tun. Ich entferne beispielsweise kranke und brüchige Triebe. Und bringe unseren Kugel-Ahorn im Hof in Form.

→ Um brütende Vögel zu schützen, dürfen laut deutscher Gesetzgebung Hecken zwischen dem 1. März und 30. September eines Jahres nicht geschnitten werden.

Woche 41
Dauerblüher
in Weiß

Oktober

Prachtkerze

Gaura lindheimeri

→ Sie ist für mich eine der schönsten Dauerblüher hier im Garten. Ich mag sie besonders gerne in Weiß.

→ Ihre vielen kleinen Blüten wiegen sich im Wind zauberhaft hin und her und locken von Mitte Mai bis Ende Oktober viele Bienen und Schmetterlinge an.

→ Die filigrane Staude lockert bei mir optisch mein formales Beet mit den Eibenkugeln auf.

→ Die Gaura ist zwar pflegleicht und verträgt Trockenheit in voller Sonne gut, aber sie ist nur bedingt winterhart. Nässe und Temperaturen unter minus 10 °C gefallen ihr gar nicht. Daher decke ich sie in der kalten Jahreszeit mit Laub ab.

TIPP Die langen Blütenstiele könnt ihr im Sommer einfach ein Viertel einkürzen und erhöht somit ihre Standfestigkeit.

Blütezeit: Mai bis Oktober

Farben:

Woche 42
Herbstlaub

Oktober

Freiluft-Muckibude

- → Das im Herbst im Garten anfallende Laub verwende ich zum Mulchen meiner Staudenbeete.
- → Das Laubharken bringt ordentlich Muckis an die Oberarme und erspart mir das Fitnessstudio, denn ich reche es entweder sportlich-dynamisch mit dem Laubbesen zusammen oder auf hoher Stufe mit unserem sehr leisen Akku-Rasenmäher, der die Blätter beim Aufsammeln bereits fürs Mulchen schreddert.
- → Das gesammelte Laub gebe ich als dünne, etwa 5 bis 10 cm dicke Schicht zwischen die Stauden. Diese Mulchschicht schützt den Boden vor Austrocknung, und Unkraut wird unterdrückt. Mit der Zeit bildet sich eine wunderbare Humusschicht.
- → Die Laubschicht schützt empfindliche Stauden und Kleinlebewesen wie Igel & Co. im Winter.
- → Von Eichen- oder Walnusslaub rate ich ab, denn nicht jede Staude oder Blumenzwiebel verträgt die Gerbsäure dieser Blätter. Zudem verrotten sie schwer.

TIPP Den Rasen über Winter möglichst laubfrei halten, damit die Rasengräser darunter nicht faulen.

Woche 43

Blumenzwiebeln

Oktober

Buddeln für den Frühling

→ Da es Anfang Herbst die letzten Jahre immer noch recht warm war, fange ich mittlerweile erst ab Mitte Oktober damit an, Blumenzwiebeln in Rasen und Beete zu setzen, sonst treiben sie ggf. zu früh aus.

→ Damit die Beete, auch für die Insekten, von Februar bis Juni üppig blühen, setze ich verschiedene Sorten von Blumenzwiebeln. Angefangen von Krokussen und Winterlingen über Blausterne, Tulpen und Zierlauch.

→ Da ich nicht jedes Jahr Hunderte von neuen Zwiebeln einbohren möchte, sind mittlerweile jede Menge bienenfreundlicher Narzissen wie Dichternarzisse 'Actaea', Triandus-Narzisse 'Thalia' und Engelstränennarzisse 'Tresamble' eingezogen, die im Gegensatz zu manchen Tulpensorten jedes Jahr zuverlässig wiederkommen und sich im Laufe der Zeit gut vermehren.

→ Alle Zwiebeln kommen mit der Spitze nach oben in die Erde, zwei- bis dreimal so tief, wie sie hoch sind.

→ Neben dem Spaten verwende ich einen Blumenzwiebel-Bohrer in verschiedenen Größen. Und bohre mit etwas Gefühl im Schnellverfahren so jede Menge von Zwiebeln ein.

Woche 44
Ohne Umgraben

Oktober

Mein Waldgarten-Prinzip

→ Auf ein Harken und Umgraben, wie ihr das vielleicht noch von euren Großeltern von früher kennt, verzichte ich komplett in meinen Beeten.

→ Seit Jahren gärtnere ich auf meinem Sandboden nach dem Prinzip des Waldes und im Wald gräbt ja auch kein Mensch um.

→ Wer mit dem Spaten seinen Boden umschichtet, stellt die Welt unter der Erde sozusagen auf den Kopf und zerstört das Bodenleben aus Mikroorganismen, Bakterien, Käfern, Regenwürmern und vielen mehr.

→ Ich lasse das Auflockern des Bodens einfach diese Kleinstlebewesen übernehmen, die sich unter der von mir aufgebrachten Mulchschicht in den Beeten pudelwohl fühlen.

→ Mit dem Prinzip des „Waldgartens“ spare ich mir ziemlich viel Zeit und körperliche Kraft.

Woche 45
Gräser im Winter

November

Strukturgebend & winterhart

→ Entgegen landläufiger Empfehlung binde ich meine Gräser über den Winter nicht zusammen und habe mit meiner „Ohne-großes-Geschiss-Methode“ bisher gute Erfahrungen gemacht. Meine Ziergräser-Sorten sind alle winterhart und brauchen keinen Kälteschutz.

→ Im Herbst- und Wintergarten sind Ziergräser tolle Strukturgeber. Auf meinem Sandboden fühlen sich in voller Sonne die Chinaschilfsorten 'Gracillimus', 'Variegatus' und 'Ferner Osten' ebenso wohl wie das Lampenputzergras 'Hameln', das Diamantgras sowie das Mexikanische Federgras und die Rutenhirse. Sie sind recht unkompliziert, anspruchslos und benötigen, wenn sie richtig eingewurzelt sind, wenig Pflege.

→ Alle Gräser sind als kleine Gruppen zwischen die Stauden integriert und haben einen horstigen Wuchs, sie gehen also nicht auf Wanderschaft im Garten und brauchen auch keine Wurzelsperre.

TIPP Ich schneide meine Gräser aufgrund ihres hohen optischen Zierwertes erst im zeitigen Frühjahr zurück.

Woche 46

Frostschutz-Mittel

Dick einpacken

→ Meine Laubberge lasse ich bis zum Frühjahr im Beet, damit sie frostempfindliche Stauden und andere Pflanzen schützen.

→ Seit einigen Jahren grabe ich meine Dahlienknollen im Herbst nicht mehr aus. Aufgrund der milderen Winter können sie in meinem Sandboden mit einem umgestürzten Zement-Eimer draußen bleiben. Den Eimer befülle ich mit Laub und beschwere ihn bei Sturm mit einem Ziegelstein. Leider neigen die Knollen bei nassem Boden zum Faulen und stehen auf dem Speiseplan der Nager ganz weit oben – aber Probieren geht über Studieren, ist stets mein Motto!

→ Nach der Blütezeit im Oktober schneide ich meine Prachtkerzen auf ca. 10 bis 20 cm ab, sie bekommen ebenfalls eine dicke Laubschicht als Winterschutz.

TIPP Bei Spätfrösten im Frühjahr hülle ich empfindliche Gewächse zur Freude meiner Nachbarn mit kunterbunten Laken und Bezügen ein – fangt doch am besten schon mal mit dem Sammeln an.

Woche 47
Strukturbeet

Dezember

Pflanzen & Beetplan

PFLANZEN: **1** Teppich-Wollziest 'Silver Carpet' *(Stachys byzantina)*, **2** Eibe in Kugelform *(Taxus baccata)*, **3** Prachtkerze 'Whirling Butterflies' *(Gaura lindheimeri)*, **4** Chinaschilf 'Ferner Osten' *(Miscanthus sinensis)*, **5** Hortensien in Weiß, z. B. Ballhortensie 'Annabelle' *(Hydrangea arborescens)*

BEETPLAN: Für die Sonne

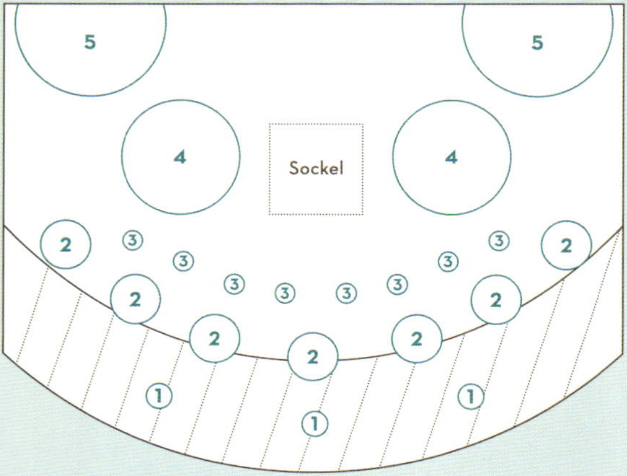

Woche 48

Vogelhaus & Tränke

Dezember

Gutes für Piepmätze

→ Wenn Meisen, Rotkehlchen oder Amseln zum Fressen an unserem Vogelhaus vorbeikommen, könnte ich stundenlang zusehen.

→ Ab November bis Ende Februar füttere ich täglich die Gartenvögel, die bei Schnee und Frost eifrig unser Futtersilo-Haus besuchen.

→ Unser Vogelhaus bietet mehreren Piepmatzen gleichzeitig Platz. Es ist nach einer Anleitung vom NABU so konstruiert, dass die Tiere nicht im Futter herumlaufen und Kot hinterlassen können. Diese Bauweise beugt effektiv der Übertragung von Krankheiten unter den Vögeln vor, herkömmliche Vogelhäuser daher unbedingt regelmäßig mit heißem Wasser reinigen. Zudem ist bei unserem Modell das Futter durch eine Plexiglasscheibe vor Nässe und Wind geschützt.

→ Zum Schutz vor Katzen steht das Vogelhaus an einer übersichtlichen Stelle auf 1,50 m Höhe.

TIPP Auch im Winter das Wasser für die gefiederten Besucher in Vogelbecken und -tränken täglich erneuern, denn Vögel müssen ebenso im Winter trinken.

Woche 49

Funkien-Töpfe

Dezember

Hübsche Zwischendeko

→ Funkien überdauern mit ihren Wurzeln im Winter im Erdboden und tauchen im Frühjahr mit frischem Grün wieder auf.

→ Die jetzt welken und unansehnlichen Blätter schneide ich daher ab und hübsche die Töpfe über den Winter auf.

→ Als Überbrückungsdeko kommen bei mir Moos, Tannenzweige und Zapfen in die Kübel.

→ Außerdem sehen Stacheldrahtpflanzen in der Winterzeit in den Funkien-Töpfen gut aus. Die Funkien sind ja im Winterschlaf und stören sich an den kurzzeitigen Mitbewohnern nicht.

TIPP Mitte Februar mache ich meine erste Fahrt in die örtliche Staudengärtnerei und ersetze dann die Stacheldrahtpflanzen durch die bis Mai blühenden Hornveilchen. Schauen Anfang Mai die ersten Funkien-Spitzen aus dem Erdreich, ziehen die Mini-Stiefmütterchen in andere Töpfe um. Etwaiger Frost im Frühjahr macht den Blümchen nichts aus.

Woche 50

Lichterglanz

Dezember

Zauber der Dunkelheit

→ Im Garten heißt es bei uns das ganze Jahr ab 22 Uhr: Licht aus! Bei uns ist es das ganze Jahr nachts im wahrsten Sinne des Wortes zappenduster.

→ Bis auf die Weihnachtszeit, spielt bei uns Licht im Garten keine Rolle. Nur dann, wenn die meisten Insekten in Winterstarre sind, leuchten hier drei wunderschöne weiße Herrnhuter Sterne und verbreiten festliches Licht im Pavillon und Vorgarten.

→ Insekten und andere Tiere brauchen die Dunkelheit der Nacht! Künstliches Licht halten Insekten für den Mond, an dem sie sich orientieren. Sie umkreisen in Folge die Lichtquelle bis zur völligen Erschöpfung und dem Tod. An lauen Sommerabenden sitzen wir daher mit dem Funkeln einer Kerze auf der Terrasse.

→ Das Wasserbecken ist ebenso nicht beleuchtet, um Insekten vor dem Ertrinken zu bewahren.

→ Das Außenlicht vom Gehweg zu unserem Haus wird mit Bewegungsmeldern gesteuert und leuchtet nur in dieser kurzen Zeit.

Woche 51

Beet planen

Ganz ohne Geschiss

→ Schon wieder voller Vorfreude aufs nächste Gartenjahr? Ein Pflanzplan hilft euch, eure Vorstellungen von eurem Beet zu visualisieren. So könnt ihr später genau sehen, welche Pflanzen wo platziert werden. In Woche 9, 28, 38 und 47 seht ihr Plan-Beispiele.

→ Den Pflanzplan könnt ihr im Frühjahr mit einem einfachen Trick im Beet spielend leicht umsetzen. Dazu „zeichnet" ihr Raster ins Beet, um später die Töpfe in Gruppen zu positionieren. Nehmt für das Rasterzeichnen am besten Sand oder einen Besenstiel zur Hand. Ich habe es euch auf dem Küchentisch mit Nudeln veranschaulicht (siehe Bild). Die Tassen und Gläser stellen die Pflanzen in den Töpfen dar.

→ Buddelt die Pflanzen später draußen im Beet erst ein, wenn ihr mit der Anordnung zufrieden seid.

TIPP Ihr habt noch keine Vorstellung davon, welche Pflanzen ihr miteinander kombinieren könnt? Dann schaut doch mal auf die nächste Karte.

Woche 52

Lasst euch inspirieren ...

Dezember

… von meinen Büchern!

Happy New Year, Leute!

Bildnachweis

Mit 80 Farbfotos von Katrin Iskam.
Weitere von Nicole Müller auf Karte 26 (Vorderseite) und Karte 30.
Die kleinen Blumen-Icons stammen alle von Adobe Stock/anataran.

Impressum

Umschlaggestaltung von Claudia Adam Graphik-Design, unter Verwendung von 1 Farbfoto von Franzi Schädel (Vorderseite).

Der Inhalt dieses Sets ist sorgfältig recherchiert und erarbeitet worden. Dennoch können weder die Autorin noch der Verlag für alle Angaben auf den Karten eine Haftung übernehmen.

Unser gesamtes lieferbares Programm finden Sie unter **kosmos.de**.
Über Neuigkeiten informieren Sie regelmäßig unsere Newsletter, einfach anmelden unter **kosmos.de/newsletter**.

Gedruckt auf chlorfrei gebleichtem Papier.

ISBN 978-3-440-18422-6
Projektleitung: Birgit Grimm
Text- und Bildredaktion: Birgit Grimm
Gestaltungskonzept, Gestaltung und Satz:
Claudia Adam Graphik-Design, Bad Kreuznach
Produktion: Klaus Jost
Druck und Bindung: Longo AG, Bozen
Printed in Italy/Imprimé en Italie

FSC
www.fsc.org
MIX
Papier | Fördert gute Waldnutzung
FSC® C023164